就是爱吃蛋

程安琪◎著

浙江科学技术出版社

序 爱吃蛋

　　一直以来我就喜欢吃蛋,而女儿更是比我有过之而无不及。小时候只要有蛋出现在餐桌上,她就会很开心,我常戏称她是"蛋宝宝"。为了她,我想出了"三鲜蛋羹"。这道菜表面看起来是道"三鲜打卤汤",结果上桌后我从碗底舀出了蒸蛋。她笑得好开心的样子成了我做菜以来一个难忘的回忆!

　　我自己最喜欢吃水波蛋,吃完火锅要来一个,煮酒酿中也要打一个。但我常常因蛋白不够完整而烦恼,虽然也听说在水中加一点醋可以使蛋白集中,但蛋白接触醋之后口感会不够滑嫩,有时候汤也会有酸味。很巧的是有一次到南京去玩,朋友家的阿姨教了我一个煮完整水波蛋的方法,从此就不再有烦恼了。我把煮的方法收录在后面的"煮蛋心法"中,希望和爱吃蛋的你分享!

　　蛋是一种很实用、家常的食材,无论是蒸蛋、炒蛋都很方便。需要加一个菜时,我常常就会把蛋搬出来当救兵。因此我一直想把我常做的一些蛋的菜式集结成一本蛋的食谱与读者分享。

　　其实,蛋的一些基本的做法都是蛮类似的,比如说炒蛋,会葱花炒蛋了,把葱换成韭菜、九层塔、洋葱、绞肉、虾仁、青椒(最近在上海吃到的一道安徽土菜)……就差不多都会了。因此这本蛋的食谱我就依照做法来分类,分成蒸、煮、煎、炒、炸与烤五类,我把每一类做法需要注意的重点分别叙述,希望读者朋友们能先阅读一下。

　　提到蛋,很多人都知道它的蛋白富含优质的蛋白质,但却又担忧蛋黄中的胆固醇问题。但其实蛋黄中的胆固醇属于高密度胆固醇，蛋黄中的脂肪也是以不饱和的脂肪酸为主，对预防心脏病是有功效的。蛋黄的营养又是容易吸收的，蛋黄中除了含有蛋白质和脂肪外，还含有各种维生素和磷、铁、叶黄素和玉米黄素等，这也是为什么婴儿最早吃的辅食就是蛋黄的原因。

　　同在一个蛋壳中，蛋白和蛋黄的营养成分全然不同，同时它在烹调时产生的功效也不相同——蛋白滑嫩、蛋黄香酥，这真是蛮有趣的。

　　我喜欢蛋，因为它价廉，因为它易操作，因为它变化多，因为它好储存……希望你也能领略它的好，和我一样喜欢它！

程安琪

目录

认识鸡蛋

蛋黄：

　　一枚蛋黄约含有 213 毫克的胆固醇，是鸡蛋主要的营养来源，其中蛋白质占 17.5%、脂肪 32.5%、水分 48%、矿物质 2%，还有多种微量元素。

蛋壳：

　　主要成分是碳酸钙，壳上有毛细孔可供呼吸。

系带 & 气室：

　　蛋黄与蛋清之间两条白色条状物是系带，主要功能是将蛋黄固定在蛋的中央。

　　鸡蛋较圆的那端有气室，其中含有空气，存放鸡蛋时，最好将气室置于上方，避免空气与蛋清及蛋黄的接触。

稀薄蛋清：

　　最外圈较稀的蛋清，老母鸡所产的蛋稀薄蛋清较多，一般鸡蛋放置较久，蛋清浓稠度也会不再明显。

浓厚蛋清：

　　包围在蛋黄外层较浓稠的蛋清，功能相当于羊水，具有保护蛋黄的作用，煮熟后口感较 Q，初生蛋的浓厚蛋清通常比较多。

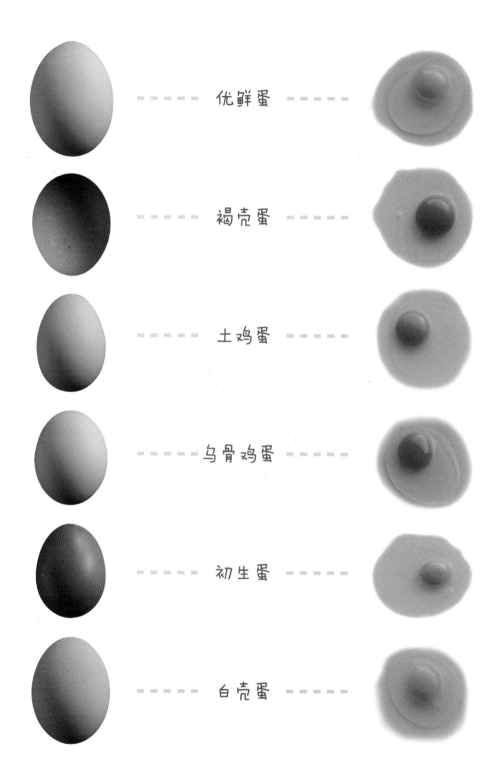

优鲜蛋

褐壳蛋

土鸡蛋

乌骨鸡蛋

初生蛋

白壳蛋

7

图 1

图 2

图 4

1. 蒸蛋前分别将蛋倒入大碗中(图1)，先将蛋汁打散，但尽量不要打起泡沫(图2)。

2. 蒸蛋时要先确定蛋和水的比例，通常1杯蛋汁加2杯水(图3)，熟练后可以加到2.5杯，会更嫩些。

3. 蛋汁用筛子过滤到深的汤盘或大碗中，有泡沫要撇掉或用纸巾吸掉(图4)。

4. 包上保鲜膜(图5)，蒸蛋的时间和所用的容器有关；容器宽、蛋汁浅，蒸的时间就比较短。

5. 通常刚开始时可以用大火蒸，蒸至表面已凝固后就要改小火，以免蛋起泡变老。也可以用电锅蒸，约3分钟后水滚了，将锅盖打开一条缝或插一支筷子，使热气散出一些。

6. 蒸到蛋汁都变为较浅的黄色时，用1支筷子插入蛋中，没有蛋汁流出，或是晃动蛋碗，可以感觉蛋有弹性、轻微晃动，就是熟了(图6)。

图 3

图 5

图 6

蒸蛋 9

葱花蒸蛋

材料:

蛋	4 个
葱花	1 大匙

调味料:

水或清汤	1.5 杯
盐	约 1 茶匙
生抽	1.5 大匙

做法:

1. 4 个蛋加上适量盐先打散(尽量不要打起泡沫)。

2. 加入 2 倍量的水或清汤和蛋汁调匀,用筛子过滤到深的汤盘或大碗中(有泡沫时要撇掉或用纸巾吸掉),包上保鲜膜。

3. 放入电锅或蒸锅中,可以从冷水开始蒸,水滚后,再改中小火蒸至全凝固、蒸蛋的最中间已熟,取出。

4. 小锅中热 1 大匙油爆香 1 大匙葱花,加入生抽和水各 1 大匙(先调匀)煮滚,淋在蒸蛋上即可。

Tips:

也可以用热水加入蛋汁中,那是一种较传统的蒸蛋方法,使蛋汁的温度较高,蒸的时间可以缩短,且蒸出来的蛋较有弹性,如"绍子水蛋"和"三鲜蛋羹"就是加入热水。

蛤蜊蒸蛋

材料:

鸡蛋	4 个
蛤蜊	10 个

调味料:

冷清汤	1.5 杯
盐	1/2 茶匙
料酒	1 茶匙
生抽	1 茶匙

做法:

1. 将蛋在大碗内打散(不可打出泡沫来),慢慢加入调味料后调匀。

2. 蛤蜊泡在水中,加 1/2 茶匙盐,静置 1 小时吐沙,再冲洗干净外壳。

3. 将蛋汁用筛子全部过滤到一个汤盘内,包上保鲜膜,移进蒸锅中。

4. 先用大火蒸 2~3 分钟后改为中小火慢蒸,依蛋汁的厚度,蒸至蛋汁凝固。

5. 放入蛤蜊,再蒸 3~4 分钟至蛤蜊开口,取出上桌即可。

Tips:

如果要有蛤蜊镶在蛋中间的感觉的话,就要先预留一些蛋汁,最后和蛤蜊一起加在蒸蛋上。

虾酱鸡蛋菜

材料：

蛋	4 个
绞肉	3 大匙
葱花	2 大匙

调味料：

虾酱	1 茶匙
酱油	1 茶匙
水	1.5 杯
盐	适量

做法：

1. 绞肉放在砧板上，再剁细一点。
2. 蛋打散，虾酱中加少许温水调开，放入蛋中，加酱油、盐、绞肉和葱花一起调匀。
3. 最后加入水（约 1.5 杯）调匀，再倒入蒸碗中。
4. 蒸碗放入蒸锅或电锅中，以中小火蒸 20~25 分钟，至完全凝固时取出上桌即可。

Tips:

1. 蒸蛋的老与嫩完全取决于加水的多少与蒸蛋时火候的大小，这道"虾酱鸡蛋菜"加的水是蛋汁的 1.5 倍，如要嫩些、则可将水加成蛋汁的 2 倍，反之要老一点，也可以只加等量的水。
2. 虾酱和绞肉要先和蛋汁拌匀后再调入水，否则绞肉不容易均匀地散在蛋汁中。

螃蟹蒸蛋

材料:

螃蟹	1 只
蛋	4 个
葱花	1 大匙
嫩姜丝	1 大匙

调味料:

盐	1/2 茶匙
生抽	1 茶匙
料酒	1 茶匙
水	1/2 杯

做法:

1. 螃蟹要挑选活蟹,用竹筷子插入嘴部,静置 1~2 分钟(或放入冷冻库中或冰水中冻 10 分钟)。

2. 待螃蟹不动之后,掀开蟹盖,刷洗干净,身体部分依大小切成 4~6 块,蟹钳拍裂。

3. 蛋加盐打散,加入 2 倍的水再调匀,用筛网过滤到一个汤盘中,再将螃蟹排入蛋汁中。

4. 蒸锅中水煮开,放入汤盘,先以大火蒸 3 分钟后改小火蒸 12~15 分钟,见螃蟹已熟、蛋已凝固即可取出。

5. 小锅中加热 1 大匙油,爆香葱花,淋入少许料酒和酱油,再加入 1/2 杯水,煮滚后淋在螃蟹和蒸蛋上,放上姜丝即可。

Tips:

如果要材料露出一些在蛋的表面,则要用两阶段蒸法,预留一些蛋汁,等蛋蒸好,放上鱼板和白果时,再加入预留的蛋汁,再蒸2~3分钟即可。

茶碗蒸

材料:

蛋	4 个
清汤或水	2 杯
鸡胸肉	80 克
鱼肉	适量
鱼板	适量
白果	适量
柴鱼片	适量

调味料:

盐	适量
淀粉	适量
水	1/2 大匙

做法:

1. 小锅中将 2 杯清汤或水煮滚,关火,放入柴鱼片浸泡,见柴鱼片全部沉入水底即捞出,过滤汤汁,做成柴鱼高汤,晾凉。

2. 鸡肉切片,和鱼肉一起用调味料抓拌均匀,腌 10 分钟。两种都放入滚水中烫一下即捞出。

3. 蛋加盐打散,加入 2 倍量的柴鱼高汤调匀,将蛋汁过筛到小茶碗中,放 1~2 个鱼板和白果到蛋汁中。

4. 包上保鲜膜,放入电锅或蒸锅中,以小火蒸至蛋汁全凝固后取出即可。

做法：

1. 荷叶泡水至软后，刷洗干净，用开水烫 3~5 分钟，再冲洗一下。蒸笼中先铺上锡箔纸或保鲜膜，再将荷叶铺放到蒸笼中。

2. 全蛋和蛋清一起加盐打散，视蛋汁的量加入 2 倍量冷清汤调匀，过滤到荷叶中，放入蒸锅，以中火蒸熟。

3. 蛤蜊用清水 1 杯煮至壳微开即捞出，剥肉，汁留用。

4. 虾仁一切为二，蟹腿肉自然解冻，和虾仁一起拌上适量盐和水淀粉，放置 10~15 分钟。

5. 用 1 大匙油炒香葱段、青豆和香菇丁，淋入料酒，注入蛤蜊汤 1/2 杯，再加蚝油、盐和胡椒粉调味，放入虾仁、蟹腿肉和蛤蜊，煮滚后勾芡，淋到蒸蛋上即可。

荷叶海鲜蒸蛋

材料：

鸡蛋	2 个
蛋清	3 个
冷清汤	2 杯
虾仁	6 只
蛤蜊	10 个
蟹腿肉	8 只
香菇	2 朵（切丁）
青豆	1 大匙
葱	1 支（切段）
干荷叶	1 张

调味料：

盐	适量
料酒	1 茶匙
蚝油	1/2 大匙
胡椒粉	适量
水淀粉	适量

绍子水蛋

材料：

鸡蛋	4 个
清汤	2 杯
绞肉	1 大匙
香菇	2 朵（切丁）
胡萝卜末	1 大匙
葱花	1/2 大匙
芹菜	1 支（切小丁）

调味料：

酱油	2 茶匙
清汤	160 毫升
盐	1/4 茶匙
糖	1/4 茶匙
香油	适量
水淀粉	适量
胡椒粉	适量

做法：

1. 清汤加盐 2 克煮至刚滚即熄火。
2. 蛋打散，将热高汤冲入蛋汁中，边加边用打蛋器或多双筷子搅匀，再将蛋汁过滤到深盘中。
3. 覆盖上保鲜膜，水滚后放入，以中小火蒸至熟。
4. 用油炒散绞肉，加入香菇丁、胡萝卜丁和葱花同炒至香气透出，随后加入酱油、注入清汤煮滚，以盐、糖和胡椒粉调味，略勾芡，最后滴入香油，撒下芹菜丁即可关火，做成绍子酱汁。
5. 将绍子酱汁淋在蛋上即可。

Tips:

这种方法就是用热水来蒸蛋，因为蛋汁是热的，所以蒸的时间可以缩短，且蛋有弹性。

虾仁豆腐蒸蛋

材料：

虾仁	6 只
豆腐	1 方块
蛋	3 个
荷兰豆或绿芦笋	适量
清汤	3/4 杯

调味料：

生抽	2 茶匙
盐	2 克
料酒	1/2 茶匙
白胡椒粉	适量

做法：

1. 虾仁切成大丁，用少许盐和胡椒粉抓拌一下。
2. 每片荷兰豆切为 2 小片，或用青豆、切丁的芦笋或四季豆等绿色蔬菜。
3. 蛋加调味料一起打散、打匀；豆腐切除硬的边皮，压成很细的泥，过筛后拌入蛋汁中，再加入清汤一起拌匀。
4. 将虾仁和荷兰豆片放入蛋中，上蒸锅蒸 12~15 分钟至熟，取出即可。

三鲜蛋羹

材料：

蛋	3 个
清汤	5 杯
猪肉片	适量
虾仁	10 只
香菇	2~3 朵
小白菜	适量

调味料：

（1）	盐	2 克
（2）	酱油	1/2 大匙
	盐	1/2 茶匙
	水淀粉	适量
	香油	1/2 茶匙
	胡椒粉	适量

做法：

1. 将 1.5 杯的清汤加 2 克盐一起煮至将滚。
2. 蛋打散，将热清汤冲入蛋汁中，搅匀后将蛋汁过滤到深汤碗中、盖上保鲜膜，上锅蒸熟。
3. 猪肉片加适量酱油和水淀粉拌匀，腌 20 分钟。
4. 虾仁拌上少许淀粉和盐；香菇泡软、切成短丝；小白菜切段。
5. 剩余的清汤加香菇同煮 2~3 分钟，放入猪肉片及虾仁再煮滚，调味后加入小白菜，汤再滚起时即可勾芡。
6. 关火后，滴香油，撒胡椒粉，轻轻地倒在蒸好的蛋上，上桌后用汤勺将蒸蛋舀起，浮在汤中即可。

三色蛋

材料：

蛋	4 个
熟咸鸭蛋	3 个
皮蛋	2 个

调味料：

水	4 大匙
盐	2 克

做法：

1. 皮蛋入锅中煮 5 分钟，取出、剥壳，每个切为 6 小块。
2. 每个咸鸭蛋切成 8 小块。
3. 鸡蛋加调味料打散，取一半蛋汁加入咸鸭蛋，再倒入方形模型中（模型中先铺上一层保鲜膜或涂一层油），入锅先以中火蒸 5 分钟，再改小火蒸 10 分钟。
4. 皮蛋放入另一半蛋汁中，再倒入模型中，续蒸 10~12 分钟。
5. 取出，稍凉后扣出，切成厚片装盘即可。

Tips:

咸蛋黄压住的地方，绞肉较不易蒸熟，因此要翻面查看，确定咸蛋下面的绞肉已熟。

咸蛋蒸肉饼

材料：

猪前腿绞肉	250 克
生咸鸭蛋	2 个
大蒜泥	1/2 茶匙
葱花	2 大匙

调味料：

盐	1/4 茶匙
水	2~3 大匙
料酒	1 茶匙
酱油	1/2 大匙
胡椒粉	1/6 茶匙
糖	1/4 茶匙
淀粉	2 茶匙

做法：

1. 将绞肉再剁细一点，放入大碗内，先加入盐和水搅拌，再加入大蒜泥、葱花搅拌至有黏性。

2. 再继续加入料酒、酱油、胡椒粉、糖和咸鸭蛋蛋白，搅拌均匀。最后加入淀粉拌匀。放入一个有深度的盘子里。

3. 取咸鸭蛋蛋黄，放在绞肉上。

4. 放入蒸锅（或电锅）中，以大火蒸熟（约 25 分钟，依绞肉的深度而定），蒸至最后 5 分钟时，再将咸鸭蛋黄翻面续蒸至熟即可。

虾仁鸡肉蛋卷

材料：

蛋	2 个
鸡胸肉	100 克
虾仁	50 克
红椒与香芹	适量

调味料：

（1）	料酒	1 茶匙
	盐	1/4 茶匙
	水	1 大匙
	淀粉	1 茶匙
	胡椒粉	适量
（2）	淀粉	1/2 茶匙
	清水	1 茶匙
	盐	1/6 茶匙
	糖	适量

做法：

1. 将鸡胸肉和虾仁分别剁碎，再和调味料（1）一起放入碗中拌匀，做成内馅。

2. 调味料（2）的淀粉和水先调匀，再和盐、糖一起加入蛋中，和蛋打匀。

3. 锅子加热后涂上少许油，倒入一半的蛋汁，转动锅子，煎成圆的蛋皮，取出。可做 2 张蛋皮。

4. 将一半的馅料放在蛋皮上，卷成春卷形，接口处再涂一些蛋汁，接口朝下放入涂了少许油的盘中，放入蒸锅中，以中小火蒸 10 分钟至熟。

5. 取出后切成厚片，排入盘中，撒上红椒和香芹点缀即可。

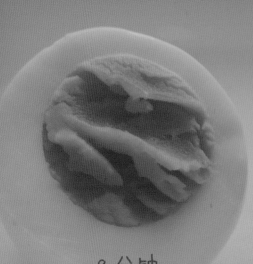

9 分钟

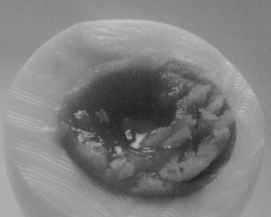

7 分钟

11 分钟

5 分钟

3 分钟

煮蛋心法

图 1

　　白煮蛋除了直接吃之外,有许多蛋的菜式也是需要先把蛋煮熟的,煮蛋的重点有:

1. 冰箱取出的蛋,要先放在室温回温一下,以免冷热温差过大使蛋壳产生裂痕。

2. 蛋放入冷水锅中,水要超过蛋的高度约2cm(图1)。

图 2

3. 水中加1茶匙盐(图2)或1大匙醋,可以避免蛋有裂痕时,蛋白会不断溢出。

4. 先以大火煮至水滚后,改以小火煮至喜爱的熟度。

5. 在刚开始煮时要用筷子转动蛋,以使蛋黄能凝固在蛋的中间(图3)。

6. 因为鸭蛋壳较厚,煮鸭蛋时可以在水滚之后再加入,比较易于计时。

图 3

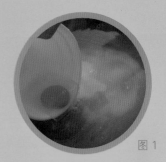
图 1

水波蛋

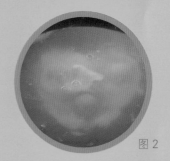
图 2

　　水波蛋也有人叫做"卧蛋",把一个蛋整个的打入水中,用蛋白完整的包覆住蛋黄。煮法如下:

1. 一个小碗内加 1/2~1 大匙的水,把一个蛋打入碗中(图 1)。
2. 锅中煮滚水,用大汤勺轻轻地推动水形成漩涡,把蛋倒入水中(图 2)。
3. 全部倒完后盖上锅盖(图 3),以小火煮 2 分钟。
4. 开盖后盛出(图 4)。

图 3

图 4

Tips:

魔鬼蛋上面可以放的材料很多,例如鲑鱼卵、熏鲑鱼丁、切片绿橄榄、黑橄榄、鱼子酱、鱼子、酸豆、酸黄瓜均可。

魔鬼蛋

材料:

蛋	5 个
香芹碎或红甜椒粉	适量

调味料:

盐	2 克
胡椒粉	适量
蛋黄酱	2 大匙

做法:

1. 蛋放入锅中,加冷水、以大火煮滚后改中小火煮约 12 分钟至全熟,取出泡冷水至凉。
2. 剥去外壳,直着切成两半,取出蛋黄,在碗中将蛋黄压碎,再加入调味料拌匀。
3. 把蛋黄填回蛋白中,上面撒上香芹碎或红甜椒粉即可。

Tips:
在刚开始煮蛋时要用筷子转动蛋,以使蛋黄能够凝固在蛋中间。

回锅蛋

材料:

蛋	4 个
红辣椒	2 个
葱	2 根

调味料:

豆豉	1 茶匙
酱油	1 大匙
盐	1/4 茶匙
糖	1/2 茶匙
醋	2 茶匙
水	2 大匙

做法:

1. 蛋放入冷水锅中,水中加少许盐或醋,先以大火煮至水滚后,改以小火煮 10 分钟至蛋全熟。

2. 蛋熟后取出,立刻泡入冷水中,凉后剥壳,再小心地切成片(尽量避免蛋黄与蛋白脱离)。

3. 红辣椒去子、切小圈;葱切花。

4. 锅中烧热 2 大匙油,放入蛋片煎黄,翻面再煎一下,撒下红辣椒圈爆香;再倒下调匀的调味料烹香,轻轻拌和蛋片,撒下葱花,略拌和后盛出即可。

茶叶蛋

材料：

蛋	10 个
红茶叶	1/2 杯
大料	1 颗

调味料：

盐	适量
酱油	2 大匙

做法：

1. 蛋放入冷水锅中，水中加少许盐，煮开后改小火煮 10 分钟（开始煮时要用筷子转动蛋）。

2. 把蛋捞出、泡入冷水中，略凉后，用叉子或小茶匙在蛋壳上轻轻敲出裂痕，但不要敲破掉。

3. 锅中放 6 杯水，再把红茶叶、大料、蛋、酱油和盐加入，煮滚后改小火煮 1 小时以上，关火。

4. 再浸泡 2 小时后便可食用。

卤蛋

材料:

蛋　　　　　　　　8 个
卤汁　　　　　　　6 杯

卤汁:

　　锅中加热油 2 大匙,爆香拍裂的大蒜、葱段和姜片,淋下料酒 1/4 杯和酱油 1/2 杯炒煮一下,放入五香包、6~7 杯的水或清汤、冰糖少许、盐适量和红辣椒 1 个(随个人喜爱),大火煮滚,改小火煮 20 分钟,做成卤汁。

做法:

1. 把蛋依照白煮蛋的方法煮好、剥壳。
2. 放入卤汁中卤煮 15 分钟,浸泡 1 小时入味上色即可。

Tips:

卤汤的量以能盖住卤蛋为佳,卤蛋较容易入味且颜色均匀。

糖心熏蛋

材料:

鸭蛋	6 个

调味料:

老抽	2 大匙
盐	1 茶匙
冷水	2 杯

熏料:

红茶叶	2 大匙
面粉	3 大匙
黄糖	3 大匙

做法:

1. 最好用新鲜未冰过的蛋,或将蛋由冰箱中取出,放在室温下回温。

2. 锅中煮滚水,要超过蛋 1~2cm,再加入 1 茶匙盐、放入鸭蛋,盖上锅盖,再煮滚后改小火,煮约 4 分钟。

3. 关火,浸泡 3 分钟,捞出后立刻泡入冰水中至凉。

4. 小心剥去蛋壳,放入调匀的调味料中浸泡 1 小时以上,使蛋均匀上色。

5. 炒锅中先铺一张锡箔纸,放上熏料,架上一个架子,再放上蛋。

6. 开火,待起烟时计时,熏 5 分钟,关火,再焖 5 分钟即可取出。

Tips:

如用鸡蛋,时间要缩短,煮 3 分钟即可。

马铃薯蛋沙拉

材料：

马铃薯	2 个（约 400 克）
蛋	5 个
苹果	1 个
胡萝卜	1 个
小黄瓜	1 个
蛋黄酱	4~5 大匙

调味料：

| 盐 | 1/2 茶匙 |
| 黑胡椒粉 | 适量 |

做法：

1. 把马铃薯、胡萝卜和蛋洗净，放入锅中，加水煮熟，先取出胡萝卜，约 12 分钟时取出蛋，马铃薯再煮至没有硬心。
2. 胡萝卜切成小片；蛋切碎；马铃薯剥皮，切成块。
3. 黄瓜切片，用少许盐腌一下，挤干水分；苹果连皮切丁。
4. 所有材料放在大碗中，加入调味料和蛋黄酱拌匀，放入冰箱冰 1 小时后更可口。

面拖蛋

材料：

蛋	4 个

调味料：

酱油	2 大匙
糖	2 茶匙
水	6 大匙

面糊料：

面粉	4 大匙
水	160 毫升

做法：

1. 将蛋放入清水中煮 10 分钟至蛋已完全煮熟，浸过冷水，待其凉后，剥去蛋壳，将蛋横切为 4 块。
2. 碗中将面糊料调好。
3. 在锅中将油烧热，放入蘸了面糊的蛋块油炸，炸至外表呈金黄色而酥脆时，捞出。
4. 另在锅内放入调味料，煮滚后，将剩余面糊倒入勾芡，使汁变得浓稠，再把炸好的蛋块倒下，快速略加拌和，盛出装盘即可。

番茄水波蛋汤

材料：

蛋	4 个
小白菜	200 克
番茄	1 个
葱	1 根

调味料：

酱油	1 茶匙
盐	1 茶匙
香油	适量

做法：

1. 番茄切块；小白菜洗净、切段。

2. 锅中热 1 大匙油炒香葱段和番茄，待番茄微软，倒入 4 杯水，小火煮 3~5 分钟。

3. 放入小白菜并加调味料调味，捞出汤中的蔬菜料到大汤碗中。

4. 小碗中加少许水，打下一个蛋，用汤勺推动汤汁，再将蛋倒入汤中，依序做好 4 个蛋，盖上锅盖煮 1.5~2 分钟。

5. 撇去白色浮沫，捞出水波蛋至大汤碗中，再加入热汤即可。

  煮蛋

滑蛋牛肉粥

材料：

嫩牛肉	150 克
蛋	1 个
大米	1 杯
高汤	1 杯
嫩姜丝、葱花	各适量

调味料：

（1）酱油	2 茶匙
水	1 大匙
小苏打粉	1/6 茶匙
（或嫩精适量）	
淀粉	1/2 茶匙
（2）盐	适量
白胡椒粉	适量

做法：

1. 牛肉逆纹切成薄片，用调匀的调味料抓拌摔打一下，腌 20~30 分钟。

2. 大米洗净放入锅中，加入高汤和水 6 杯，煮滚后改小火煮 1 小时以上、至粥已稠烂，加盐调味。

3. 放入牛肉一滚，见牛肉已变色，9 分熟时即可盛入碗中。

4. 在碗中打下 1 个蛋，撒下胡椒粉、葱花和姜丝，吃时将蛋拌开，蛋白烫熟即可。

打蛋花时要慢慢地倒入蛋汁，使蛋汁细细地流入汤中，且要转一圈使蛋汁均匀地倒入汤中。

金丝酒酿汤圆

材料：

汤圆	8 颗
酒酿	1 杯
蛋	1 个

调味料：

糖	适量
桂花酱	适量

做法：

1. 锅中煮滚 6 杯水，放入汤圆，边放边用汤勺轻轻推动。

2. 水再滚起后，盖上锅盖，小火煮 3~4 分钟至汤圆浮起。

3. 将酒酿连汁放入汤圆中，加糖调味，待再要滚起时，将打散的蛋汁细细地淋入汤圆中。

4. 关火后加入少许桂花酱提香即可。

海苔蛋花汤

材料：

蛋	2 个
海苔	1 大张
虾皮	1 大匙
葱花	1 茶匙

调味料：

盐	1/2 茶匙
酱油	1 茶匙
香油	1/2 茶匙

做法：

1. 蛋仔细打散、不要打至起泡。

2. 虾皮放在干净没有油的锅中，以小火炒一下，盛入汤碗中。

3. 海苔撕成小一点的片，也放入汤碗中，再加上调味料和葱花。

4. 锅中煮滚4杯水，改成小火，将蛋汁倒入水中，一边倒、手一边转一圈，过5秒钟后，用汤勺轻轻推动一下汤汁，待蛋花飘起，全部倒入汤碗中即可。

滑蛋虾仁饭

材料：

虾仁	100 克
蛋	2 个
葱	1 根
青豆	1 大匙
清汤或水	1.5 杯
米饭	2 碗

腌虾料：

盐	1/4 茶匙
淀粉	1 茶匙

调味料：

盐	1/2 茶匙
水淀粉	2 茶匙

做法：

1. 虾仁用盐先抓洗一下、再用水冲洗 3~4 次至水清、沥干水分并以纸巾吸干水分，放入小碗中，加腌虾料拌匀，腌 10~15 分钟。
2. 蛋加盐打至十分均匀。
3. 锅中先热 2 大匙油，放入虾仁，大火炒至 9 分熟，捞出、沥干油。
4. 利用锅中剩油，放入葱花爆香，倒下清汤煮滚，加盐调味，放入虾仁和青豆煮滚后，再用水淀粉勾成薄芡。
5. 沿着汤汁边缘再淋下 1 大匙油，接着淋下蛋汁，摇动锅子，使蛋汁不要黏锅，可以浮在汤汁中，见蛋汁熟了即关火，淋在米饭上即可。

煮蛋

亲子丼

材料:

去骨鸡腿肉	1 只
新鲜香菇	3 朵
洋葱丝	1/2 杯
葱	1 根(切段)
蛋	2 个
米饭	2 碗

调味料:

(1) 盐、胡椒粉、料酒	各适量
(2) 香菇酱油	2 大匙
味淋	1 大匙
盐	适量
清汤	2 杯

做法:

1. 鸡腿切成 6~7 小块,均匀撒上调味料(1),腌
   10 分钟。

2. 新鲜香菇切条;葱切段;蛋打散。

3. 起油锅,用 1 大匙油将洋葱丝和葱段炒香,加
   入调味料(2)煮滚,放入鸡块和香菇,以中火
   续煮 2~3 分钟至鸡腿肉熟。

4. 在汤汁滚动处淋下蛋汁,成为片状蛋花,见蛋
   汁几乎凝固时关火,淋在热的米饭上即可。

Tips:

淋蛋汁时不要淋在同一个
地方,手要绕着锅子转一圈,使
蛋汁均匀淋下成蛋片状。

咸蛋芥菜汤

材料:

芥菜	1 棵
咸蛋	3 个
肉片	100 克
清汤	6 杯

调味料:

盐	适量
淀粉	1/4 茶匙
胡椒粉	适量
水	1 大匙
香油	适量

做法:

1. 肉片加入调味料抓拌均匀,腌 20 分钟。

2. 芥菜切斜片,余烫一下,捞出后放入清汤中再煮 10~15 分钟。

3. 取出咸蛋黄,放入塑胶袋中压扁,切成片,放入汤中煮至熟。

4. 肉片放入汤中,煮熟后淋下一半量的蛋清,再加少许盐调味、滴少许香油、撒下胡椒粉即可。

皮蛋瘦肉粥

材料：

瘦猪肉	100 克
皮蛋	2 个
米	1 杯
高汤	1 杯
葱花	适量

腌肉料：

盐	1/4 茶匙
水	1 大匙
淀粉	1 茶匙

调味料：

盐	适量
胡椒粉	适量

做法：

1. 瘦肉切成薄片，以腌肉料拌匀腌好，放置 30 分钟以上。

2. 皮蛋剥壳，一个切小块，一个不切。

3. 米洗净放入锅中，先将一个皮蛋和米一起抓匀（皮蛋抓碎），加入高汤和水，煮滚后改小火煮 1 小时，至粥稠米烂。

4. 放入瘦肉和切小块的皮蛋，小火再煮 5~6 分钟。

5. 加少许盐和胡椒粉调味，装小碗后撒下葱花或依个人喜爱加香菜或嫩姜丝、碎油条屑均可。

Tips.

抓拌过皮蛋的米较容易煮烂，且有皮蛋香气。

熏鲑鱼白煮蛋敬拿给
(Eggs Benedict)

Tips:

荷兰酱这么做:蛋黄1个、
白酒或水2大匙、柠檬汁2茶
匙、盐和胡椒各少许,隔水加
热,用打蛋器打发,再加入约
大匙温热的奶油,一起搅匀。

材料:

蛋	4 个
熏鲑鱼	4 片
(或用火腿片、培根均可)	
玛芬面包	2 个

调味料:

白醋	1 茶匙
荷兰酱	适量

做法:

1. 在一个锅中把水煮滚,水的深度要超过 5 厘米
   以上,改成小火使水微微滚动。

2. 蛋先打在小碗中,再快速地倒入水里(用汤匙推动
   水成漩涡状),把 4 个蛋都倒入水中,以小火煮约
   2 分钟左右,至蛋清已凝结、蛋黄未凝固。用细网
   捞出,放纸巾上吸去水分。

3. 玛芬面包横片开,放入烤箱中烤黄,取出。

4. 玛芬面包放在餐盘上,上面放熏鲑鱼、再放水波
   蛋,淋上荷兰酱或在蛋上撒一些匈牙利红椒粉,或
   其他任何喜爱的调味酱。可配上新鲜水果同食。

图1

Tips:

初学者可以将蛋打入碗中,再倒入锅中,比较容易。

煎蛋心法

图2

煎荷包蛋

1. 锅烧热,加入约 2 大匙油再烧热,摇荡锅子,使锅子均匀沾上油,再将油倒出。这个动作称为"荡锅",使锅子滋润一下,煎蛋时不会粘锅、煎破,如果用不沾锅就不用这样处理。

2. 另加热 1/2 大匙油,将 1 个蛋打入锅中(图1),中火煎 30~40 秒钟,至蛋清凝固时(图2),轻轻翻面。再煎至喜爱的熟度,盛出(图3)。

3. 如果喜欢蛋清部分有香酥焦脆的口感,可以用多一些、热一些的油以大火来煎(图4)。

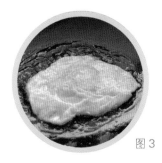

图3

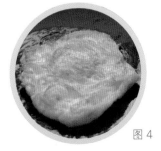

图4

煎蛋 43

图 1

煎蛋皮

蛋皮在中国菜中是非常实用的，要注意的地方有：

1. 要用来包卷材料的蛋皮，记得在蛋液中加入少许调匀的水淀粉，以增加蛋皮的弹性(图1)。

图 2

图 4

2. 蛋汁打好后最好过滤一次(图2)，且不要有泡沫，可使蛋皮均匀光滑些。

3. 锅烧热后用纸巾涂抹少许油，油太多反而使蛋皮会滑动不成形(图3)。

图 3

图 5

4. 倒下蛋汁的同时就要转动锅子(图4)，形成你所需要的大小，再继续转动锅子、达到所需的厚薄(图5)。

5. 要再蒸或煎过的蛋皮，只要煎一面熟，另一面只要凝固即可(图6)，直接要吃的就要翻面再煎熟。

图 6

煎蛋

合菜戴帽

材料：

猪肉丝	150 克
韭黄或韭菜	80 克
菠菜（或青菜）	150 克
绿豆芽	200 克
干木耳	1 大匙
粉丝	1~2 把
鸡蛋	2 个
葱段	适量

调味料：

（1）	酱油	1 茶匙
	淀粉	1/2 茶匙
	水	1 大匙
（2）	酱油	1.5 大匙
	盐	1/2 茶匙
	香油	1/2 茶匙
	水	1/2 杯

做法：

1. 将猪肉丝用调味料(1)拌匀腌约 15 分钟。
2. 粉丝用温水泡软后切短；韭黄切段；菠菜切段；木耳泡软、撕成小片。
3. 用 1 大匙油爆香葱段，加入酱油、盐和水 1/2 杯，放入粉丝煮软，再加入绿豆芽炒一下，盛出。
4. 菠菜用油炒熟，加盐调味，盛出。
5. 烧热 2 大匙油把肉丝炒熟，放入韭黄、木耳和盛出来的菜，一起快炒均匀，盛入盘中。
6. 另在锅中涂少许油把打散的蛋汁煎成一张蛋皮，盖在菜上即可。

Tips:

合菜戴帽是北方菜，通常和春卷皮或单饼或煎好的蛋饼皮，再加上葱段和甜面酱一起上桌包食。

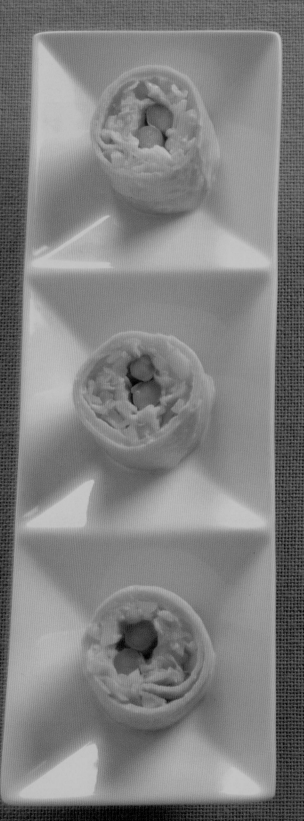

蔬菜蛋卷

材料：

蛋	3 个
包心菜	200 克
细芦笋	12 支

调味料：

(1)	盐	1/2 茶匙
	蛋黄酱	1 大匙
	黄色芥末酱	1/2 大匙
(2)	盐	适量
	淀粉	1/2 茶匙
	水	1 茶匙

做法：

1. 包心菜切成细丝，拌上盐腌 10 分钟，待出水变软后挤去盐水。拌上蛋黄酱和芥末酱。
2. 芦笋切除尾部较老的地方，放入热水中烫一下，再泡入冷水中泡凉，沥干。
3. 蛋加少许盐和淀粉打散，过筛一次，煎成 2 张蛋皮。
4. 将包心菜丝铺在蛋皮上成 3-4cm 宽，再放上芦笋，卷起蛋皮，包成春卷形，接口处用蛋黄酱黏合。
5. 切成一样大小，排入盘中即可。

蚵仔煎（4人份）

材料：

新鲜生蚵	100 克
蛋	4 个
小白菜或茼蒿菜	120 克
海山酱、酱油膏	各适量

粉浆料：

红薯粉	150 克
淀粉	75 克
糯米粉	40 克
盐、胡椒粉	各适量
陈醋	1 茶匙
清水	2 杯

做法：

1. 蚵仔用少许盐抓洗，边洗边捡除蚵的碎壳，再用水漂洗、沥干。

2. 在一个盆中将粉浆料混合好。

3. 平底锅烧热，淋下 1 大匙油，把 1/4 量的蚵仔放上，煎数秒钟，马上淋下约 1/2 杯的粉浆（需先搅动一下再舀取，以免沉淀不均匀）。

4. 见粉浆底面已熟时，在旁边再淋下少量油，随即放入已切小段的小白菜或茼蒿菜。

5. 打 1 个蛋（用铲子拨散），待蛋汁已半凝固时，用铲子或大刮板整块铲起，翻至蚵仔上面继续煎好，约 10 秒钟即可放在菜上，一起装盘，淋上海山酱和酱油膏食用。

蛋饺烧粉丝

材料:

绞肉	150 克
葱	1 根
蛋	5 个
青菜	250 克
粉丝	2 小把

调味料:

(1)	料酒	1 茶匙
	酱油	1 茶匙
	盐	1/4 茶匙
	水	1/2 大匙
	淀粉	1/2 茶匙
(2)	盐、淀粉、水	各适量
(3)	酱油	2 茶匙
	盐	1/4 茶匙
	清汤或水	160 毫升

做法:

1. 葱切成葱花后再与绞肉一起剁碎,放入大碗中,加调味料(1)仔细拌匀。
2. 蛋加盐打散,再加入调匀的水淀粉,过筛备用。
3. 锅先烧热,改成小火。在锅子中间涂上少许油,放入 1 大匙的蛋汁,转动锅子,使蛋汁成为椭圆形。
4. 趁蛋汁未凝固时,在蛋皮中央放入 1/2 大匙的肉馅,并将蛋皮覆盖过来,稍微压住,使蛋皮周围密合,略煎 10 秒钟,翻面再煎 5 秒钟便可盛出,蛋饺即成。全部做好留用。
5. 清江菜摘好;粉丝泡软,剪短一点。
6. 在锅中用 1 大匙油炒软青江菜,放入调味料(3),将蛋饺放在菜上,以小火煮 3~4 分钟,加入泡软的粉丝,再烧一下至粉丝断生即可。

Tips:

自己做的蛋饺香气足,蛋饺做好后可以先蒸 5~6 分钟至熟,再冷冻保存。下锅或做烩菜都很方便。

烩如意蛋卷

材料：

绞肉	300 克
蛋	3 个
香菇	3 朵
海苔	1 张
虾仁	10 个
西蓝花	1/2 个
葱	1 根
淀粉	2 茶匙

调味料：

（1）酱油	1 大匙
盐	1/4 茶匙
淀粉	1 茶匙
料酒	1 茶匙
葱姜水	2 大匙
（2）清汤	160 毫升
酱油	1 茶匙

盐	适量
水淀粉	适量
油	适量

做法：

1. 绞肉仔细再剁一下，放入大碗中，加入调味料（1）和 1 大匙的蛋汁，调拌均匀。

2. 虾仁洗净、沥干水分，拌上少许盐和淀粉；香菇泡软，切片；西蓝花摘成小朵。

3. 蛋中加水淀粉和少许盐一起打散，煎成一大张蛋皮，取出，修成大的方形。

4. 在蛋皮上撒上淀粉，铺上海苔，再撒一层淀粉，将绞肉铺在海苔上，手指蘸水，拍平肉面，再由两边往中间卷起，卷至中间。

5. 盘子上涂少许油，放上蛋卷，以中小火蒸约 15 分钟至熟，取出切成块，放在餐盘中。

6. 用 1 大匙油炒香葱段和香菇片，倒入清汤，加入酱油、盐和西蓝花煮 1 分半钟，放入虾仁，再煮滚后即勾薄芡，淋到蛋卷上即可。

Tips:
素拉皮上可撒少许炒过
的白芝麻增加香气。

素拉皮

材料:

蛋	2 个
黄瓜	1 根
粉皮	2 张
或粉丝	1 把
淀粉	1 茶匙
水	1 大匙

调味料:

芝麻酱	1/2 大匙
花生酱	1 茶匙
酱油	2 大匙
糖	1/4 茶匙
醋	1/2 大匙
芥末酱	1 茶匙
香油	1/2 大匙

做法:

1. 蛋打散,淀粉和水调匀,再与蛋汁混合调好。

2. 锅烧热,涂上少许油,将蛋汁煎成蛋皮,要翻面,把蛋皮两面煎熟,取出切成丝。

3. 如用干粉皮或宽粉条要先泡软,粉皮切成宽条,用滚水汆烫 1 分钟,捞出、冲凉、沥干。新鲜粉皮直接切宽条,用冷开水冲洗一下,沥干。

4. 黄瓜切丝,粉皮、黄瓜、蛋皮排入盘中,淋上调匀的调味料,吃时拌匀即可(可撒少许炒过的白芝麻增加香气)。

石榴蛋包

材料：

鸡胸肉	150 克
香菇	4 朵
芹菜	2~3 支
金针菇	1/2 把
豌豆片	适量
葱末	适量
水淀粉	适量
高汤	2 杯

蛋清皮料：

蛋清	4 个
淀粉	1 茶匙
水（和淀粉调匀）	1 大匙
盐	适量

调味料：

料酒、酱油膏	各 1 茶匙
盐	1/4 茶匙

糖、胡椒粉	各适量
水淀粉	适量
油	适量

做法：

1. 鸡胸肉切成极细的丝，用少许水淀粉拌腌一下；香菇泡软、切丝；金针菇去除尾端、切短；芹菜烫软、撕成细丝。

2. 烧热 2 大匙油爆香葱末，放入鸡肉丝炒散，再放(1)项中的各种丝料，加调味料炒匀成丝料馅。

3. 蛋清打散，加入其他蛋清皮料，打匀后再用小网过滤一次。锅中刷少许油，将蛋清分别煎成 6 片约 4 寸大小的圆薄皮。

4. 用蛋清皮包入丝料馅，收口用芹菜丝扎好，分别装入小碗中，入锅蒸 3~4 分钟取出。

5. 高汤煮滚并调味，加入小碗中上桌即可。

Tips:

摊完蛋清皮剩下的蛋黄,可另外利用来打蛋黄酱。蛋黄酱用蛋黄打发制成,因此也叫蛋黄酱;因为常用来拌色拉,所以也有人直接称为色拉酱。

图 1

蛋黄酱

材料:

蛋黄	2 个
橄榄油	1~1.5 杯
柠檬汁	1 茶匙
盐、糖、芥末酱	各适量

做法:

1. 蛋黄放在大一点的碗中,慢慢加入橄榄油(图 1),边加边打匀(橄榄油的量依打的状况而定,不能太稀),使蛋黄和橄榄油完全融合,可以加一点鲜奶油一起打以增加口感。

2. 当蛋黄变浓稠时,依个人口味加柠檬汁和盐、糖、芥末等调味料调味(图 2、3)。

3. 一直拌打均匀(图 4),用不完时要放在冰箱中冷藏储存。

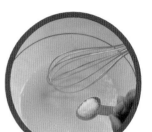

图 2

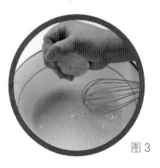

图 3

图 4

煎蛋

Tips:
调味豆皮有三角形, t
有方形的。也可以用鱼松、鲜
鱼松代替肉松。

蛋皮寿司

材料:

蛋	2 个
黄瓜	1 个
调味豆皮	4 片
肉松或鱼松	2 大匙
米饭	2 碗
海苔	2 张

调味料:

白醋	2 大匙
糖	1/2 大匙
盐	1/4 茶匙

做法:

1. 米饭煮好后趁热拌上调味料,放 1~2 分钟后,取出吹凉,做成寿司饭。

2. 黄瓜直着剖成 4 长条,把子修掉,搓上少许盐腌一下,见黄瓜出水时即可冲水洗一下,沥干水分。

3. 蛋打散,在平底锅中煎成一张大蛋皮,两面煎熟,取出。

4. 竹帘上放蛋皮,再放一张海苔,再放约 1/2 碗米饭,手蘸水将饭塑成 5cm 宽的长方形,拍平表面。

5. 饭上放黄瓜条、切条的调味豆皮,撒上肉松,拉起竹帘和蛋皮、海苔一起向前卷,卷好后要按紧竹帘,做好造型后再打开,切段排盘即可。

火腿蛋三明治

材料：

火腿肉	1 片
蛋	2 个
吐司面包	2 片
黄瓜	1/2 个
蛋黄酱或奶油	适量

调味料：

盐	1/4 茶匙

做法：

1. 蛋加盐打散，加约 2 大匙的水再搅匀。

2. 锅中将 2 大匙油烧热，摇动锅子，使锅中粘满油，再倒出多余的油。倒下一半量的蛋汁，慢慢转动锅子，将蛋汁转成圆形，在蛋汁还未凝结时，将蛋皮的四边折向中间，成为厚的方形蛋皮，取出。

3. 用锅中多余的油把火腿煎一下。

4. 吐司面包略烤热，涂上蛋黄酱或奶油，放上一片火腿、一些黄瓜丝、蛋皮和吐司面包，切去硬边，再切成长方形或三角形即可。

三鲜烘蛋

材料:

绞肉	2 大匙
虾仁	2 大匙
香菇	2 朵
葱末	1 大匙
芹菜末	1 大匙
蛋	6 个

调味料:

(1)	盐	1/2 茶匙
	淀粉	1 茶匙
	水	1 大匙
(2)	酱油	1/2 大匙
	盐	1/2 茶匙
	糖	1/2 茶匙
	水	1/2 杯
	水淀粉	2 茶匙
	香油	适量

Tips:

烘蛋属四川名菜,有鱼香味的、屑子料的、虾仁的、火腿的、白油等许多不同味道的浇头。

做法:

1. 将蛋在大碗中打散,加入调味料(1),用力搅打至发泡为止。

2. 锅烧热后加入 1 杯油烧热,先取出半杯油,再将蛋汁倒下,搅动一下蛋汁,浇下事先取出的热油,盖下锅盖,用小火慢慢烘煎约 3 分钟(应时常转动锅子,使蛋烘得均匀)。

3. 见蛋汁七分熟而起泡时,倾斜锅子将油慢慢倒出,然后将蛋翻转一面,再烘 3 分钟。

4. 见蛋汁已凝固并松发时,开大火逼出油,便可将蛋用漏勺盛出,沥一下油,马上切成 2 寸长、1 寸宽大小,排在盘中。

5. 另用 1 大匙油先将绞肉及葱末炒熟,再加入已炒过的虾仁和香菇(泡软、切小丁),并用酱油、盐、糖调味,加入水 1/2 杯,煮滚后用水淀粉勾芡,淋下香油,撒下芹菜末浇在烘蛋上,上桌即可。

菜脯蛋

材料：

萝卜干	2 大匙
蛋	4 个
葱花	1 大匙

调味料：

糖	1 茶匙
胡椒粉	适量

做法：

1. 将萝卜干用水冲洗、浸泡一下去咸味，挤干水分，切成碎小粒状。

2. 起油锅，先用 2 大匙油把葱花和萝卜干炒香，加糖和胡椒粉调味，盛出待凉。

3. 鸡蛋打散，拌入萝卜干。

4. 锅中烧热 6~7 大匙油，淋下蛋汁，用筷子将蛋调整成圆形，并轻轻搅动锅底较厚的部分，使蛋汁均匀受热。

5. 以小火煎好底面，且蛋汁已大部分凝固，翻面再煎，煎时要摇动锅子，以免底部煎焦。

6. 待两面均煎成金黄色，开大火再煎一下，切块盛到盘中即可。

Tips:

要将菜脯蛋煎成圆形就要用多量的油，最后起锅前再开大火就可以逼出油。不想用太多油，就用一般炒蛋方法即可。

Tips:

煎的时候煎久一点，使底面略呈焦黄，卷起来后便有纹路产生。

玉子烧

材料：

蛋	4 个

调味料：

柴鱼高汤	2 大匙
味淋	2 茶匙
生抽	1 茶匙

做法：

1. 蛋打散，加入调味料调匀，用筛网过滤一次。

2. 方形平底锅(日式玉子烧用的)加热，以纸巾蘸油，擦在锅子上，倒入 1/4 的蛋汁，用小火煎至七分熟，一面煎，一面从一边卷起，慢慢卷至另一边。

3. 将蛋卷拉回原位，再倒入 1/4 的蛋汁，煎后再卷起，重复做完全部蛋汁，再以小火将表面煎至喜爱的焦黄程度。

4. 取出蛋卷，放在寿司竹帘上，卷起竹帘、固定蛋卷形状，吃时切厚片即可。

银鱼蛋卷

材料：

银鱼	1/2 杯
蛋	4 个
韭菜	3 根

调味料：

盐	适量
味淋	2 茶匙
淀粉	1 茶匙
水	2 茶匙

做法：

1. 银鱼洗净，沥干水分，用约 1 大匙油炒至干香。
2. 蛋加调味料打散。韭菜切碎。
3. 小平底锅烧热，涂上一层油，倒下 1/3 量的蛋汁，摊开煎成蛋饼，见蛋汁将凝固至 7 分熟时，从锅边卷起成筒状。边卷边把蛋卷移回锅边。
4. 卷至边缘时，再倒下 1/3 量的蛋汁，并撒下银鱼和韭菜碎，再边煎边卷，卷完后再淋下蛋汁，再卷起。
5. 做好蛋卷后改小火，慢慢煎至熟。取出蛋卷，用寿司竹帘卷起定型，切块排盘即可。

图 1

西式蛋卷佐口蘑酱汁

材料:

蛋	3 个
口蘑	6 朵
洋葱末	适量

调味料:

(1) 盐	1/4 茶匙
胡椒粉	适量
鲜奶油	1 大匙
(2) 生抽	1.5 茶匙
盐、胡椒粉	各适量
水	1/4 杯
面粉	适量

图 2

做法:

1. 蛋加调味料(1)打匀,过滤后备用。

2. 口蘑用湿纸巾擦一下或快速冲一下、沥干,切片。锅中热 1 大匙油,放入洋葱末和口蘑炒香,加入调味料(2)煮滚,做成酱汁(面粉要最后加入使酱汁略浓稠)。

3. 平底锅中加约 1 大匙油,以中火均匀地加热,倒入蛋汁,迅速地以木铲或 4 支筷子搅动蛋汁,当蛋汁已开始凝结,改小火,将蛋由锅边卷折起来,锅子稍微倾斜,使蛋皮易于翻卷成型,再煎一下使里面的蛋汁凝固(不要太老硬)。

4. 尽量做成椭圆形,装盘,淋上口蘑酱汁即可。

图 3

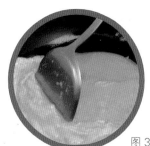

图 4

1. 平底中加入 1 大匙油,以中火热锅后倒入蛋液。
2. 以铲子迅速搅动蛋液。
3. 当蛋液凝结后就转小火。
4. 将蛋皮由锅边折卷起来。

番茄火腿 Omelet

材料：

火腿丁	2 大匙
洋葱丁	2 大匙
口蘑	2 朵
番茄粒	2 大匙
起司丝	2 大匙
蛋	3 个

调味料：

（1）盐、胡椒粉	各适量
（2）盐	2 克
胡椒粉	适量
鲜奶油	1.5 大匙

做法：

1. 烧热 1 大匙油，把洋葱和口蘑先炒香，再加入火腿丁和番茄粒拌匀，加少许盐和胡椒粉调味。

2. 蛋加调味料（2）打散，过滤后备用。

3. 平底锅中加约 1 大匙油，以中火均匀地加热，倒入蛋汁，迅速地以木铲或 4~5 支筷子搅动蛋汁，当蛋汁开始凝结，改成小火，放入炒好的 1 料和起司丝。

4. 将蛋由锅边卷起成蛋卷型，再以小火慢慢煎熟内部，盛出装盘即可。

Tips:

用筷子先划动蛋汁,可以使包在外面的蛋皮变厚一些,专业做法是在放入炒饭后再敲动锅柄,使蛋皮自然翻转、包住饭而成为橄榄形,以上的方法较简单。

茄汁蛋包饭(2人份)

材料:

洋葱丁	2大匙
口蘑	3朵
绞肉	1大匙
青豆	1大匙
米饭	2碗
蛋	4个

调味料:

(1)番茄酱	2大匙
盐	2克
胡椒粉	适量
(2)盐	1/4茶匙
水	1大匙
淀粉	1茶匙

做法:

1. 锅中烧热1大匙油,炒香洋葱丁、口蘑和绞肉,再加入米饭和青豆同炒,炒透后加入调味料(1)再炒匀,盛出。

2. 蛋加盐打散,再加入调匀的水和淀粉,再打匀。

3. 平底锅中加热2大匙油,倒入一半量的蛋汁,用筷子划动蛋汁,使蛋汁凝固的厚一点。

4. 见蛋汁约6~7分凝固时,放入约1碗的炒饭,再将蛋皮翻盖过去,把炒饭包起来,翻面再煎一下,盛入盘中,挤上番茄酱即可。

培根蔬菜蛋饼

材料：

蛋	3 个
培根	4 片
番茄	1/2 个
生菜丝	1 杯
起司丝	3 大匙
蛋饼皮	2 张

调味料：

盐	适量
番茄酱、甜辣酱	
或 Tabasco 辣椒酱	各适量

做法：

1. 培根切小片，锅中放 1 茶匙油，把培根片以小火煎至香且出油，盛出一半。

2. 蛋加少许盐打散，倒下一半的蛋汁到培根中，用筷子略搅动蛋汁，煎至蛋汁成圆形，尚未凝结时，盖上一张蛋饼皮，用铲子压一下。

3. 将蛋饼翻个面（蛋面朝上），撒上起司丝、生菜丝和番茄片，卷起来，把接口处再煎一下。

4. 切段装盘，可附喜爱的淋酱蘸食即可。

糖蛋两式

<table>
<tr><th>（A）</th><th>（B）</th></tr>
</table>

（A）		（B）	
材料：		**材料：**	
蛋	4 个	蛋	4 个
调味料：		**调味料：**	
酱油	2 大匙	酱油	2 大匙
糖	1 大匙	糖	1 大匙
水	1/2 杯	水	160 毫升

做法：

1. 蛋逐个在锅中煎成荷包蛋，盛入盘中。
2. 将调味料倒入锅中煮滚，放入荷包蛋，再煮滚，30~40 秒关火即可。

做法：

1. 将蛋打散备用。
2. 锅中烧热 2 大匙油，放入蛋汁，煎成较大块的蛋，盛出。
3. 将调味料倒入锅中煮滚，放入蛋块，改成小火煮 2~3 分钟，以吸收味道，关火即可。

炒蛋心法

图 1

图 2

图 4

"炒蛋"是最常用到的一种蛋的烹调方法,炒蛋时,油的用量要多一些,火要大一些,才能炒出蛋的香气,江浙地区称为"跑蛋"的"旺火热油、翻炒、转锅、迅速成菜"就是炒蛋的一种。

除葱花之外,许多材料都可以用来搭配炒蛋,例如:韭菜、韭黄、九层塔、火腿、木耳、香肠、培根、虾仁、洋葱等。

除了火大、油多些之外,可以在蛋汁中加一些水或鲜奶,会使蛋炒得更嫩一些。

图 3

图 5

炒蛋方法如下:

1. 蛋打在碗中,加盐调味(图1)后,以打蛋器充分打散(图2)。
2. 起油锅,爆香葱花(图3),倒下蛋汁(图4)。
3. 用锅铲快速搅动蛋汁(图5)。
4. 当蛋全部凝结熟透时,起锅即可(图6)。

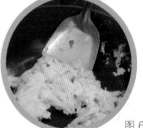

图 6

中式葱花炒蛋

材料:

蛋	5 个
葱花	1~2 大匙

调味料:

盐	1/2 茶匙
水	1~2 大匙

做法:

1. 蛋逐一打开入大碗中,加调味料一起打散。

2. 锅中加热油 3 大匙,先放入葱花快速炒一下,再倒入蛋汁,用锅铲或筷子搅动蛋汁,并将外面边缘已凝固的蛋汁推往中间,尽量形成较厚的蛋块。

3. 将蛋翻炒,见蛋已全熟,且微有焦黄时盛出即可。

Tips:

葱花可依个人喜好决定多寡,1~2 大匙不等。蛋中添加的水量也可依喜好酌量增减,水量少,炒出来的蛋较硬;水量多,较软滑。

西式炒蛋

材料:

蛋	4个
鲜奶油	3大匙
奶油	2大匙
起司丝	2大匙

调味料:

盐	2克
现磨黑胡椒	适量

做法:

1. 在一个中型的盆子里,打入蛋、鲜奶油、盐和胡椒粉,打均匀且略松发。

2. 在不粘锅中将奶油热至融化,倒下蛋汁,以小火来炒蛋汁,边推动蛋汁边翻炒,再加入起司丝拌炒,炒至喜爱的熟度即可。

香肠蛋炒饭

材料:

香肠	2 根
蛋	2 个
葱花	1 大匙
米饭	2 碗

调味料:

盐	1/4 茶匙

做法:

1. 香肠整根蒸熟或用微波煮熟,稍凉后切成片。
2. 蛋加盐打散,锅中热油 2 大匙,倒入蛋汁炒成碎片,盛出。
3. 放入香肠和葱花略炒一下使香气透出,且香肠略有焦痕(可略加入 1/2~1 大匙的油),倒入米饭炒至松散,撒下盐炒匀。
4. 倒回炒蛋再炒匀即可。

番茄炒蛋

材料：

番茄	2 个
蛋	4 个
葱	1 根（切段）

调味料：

（1）	盐	1/4 茶匙
（2）	生抽	1 大匙
	糖	1 茶匙
	盐	1/4 茶匙
	水	160 毫升

做法：

1. 番茄的顶端用刀子划切 4 刀，切成口字形，再在尾端切十字刀口，放入开水中烫约 1 分钟，至番茄皮裂开，捞出泡入冷水中，过一会儿便可将皮剥掉，番茄切成块。

2. 蛋加调味料(1)打匀，锅中热 2 大匙油，将蛋炒至熟，尽量炒成大块，盛出。

3. 另用 1 大匙油将葱段爆香，放进番茄炒片刻，加入调味料(2)小火煮 3 分钟。

4. 倒下炒好的蛋块，炒匀后再烧 1 分钟即可。

Tips:

上海人称大火热油迅速翻炒出来的蛋为"跑蛋"。炒蛋中加银芽,可以增加炒蛋的脆口度,吃来更爽口。

虾仁跑蛋

材料:

虾仁	10 只
蛋	5 个
绿豆芽	1 杯
葱花	1 大匙

调味料:

(1)	盐	1/4 茶匙
	淀粉	1/2 茶匙
(2)	盐	1/2 茶匙
	胡椒粉	适量

做法:

1. 虾仁洗净、擦干水分,切成丁,拌上调味料(1),腌 15 分钟。

2. 蛋加盐 1/2 茶匙一起打散;银芽洗净、切短,放入蛋汁中。

3. 锅中烧热 2 大匙油,放入葱花和虾仁,虾仁一变色随即到下蛋汁,翻炒至蛋汁凝固,盛出即可。

干贝韭黄炒蛋

材料：

干贝	3~4 个
韭黄	4 根
绿豆芽	1 杯
熟火腿丝	适量
蛋	5 个

调味料：

牛奶	2 大匙
盐	适量

做法：

1. 干贝加热水浸泡 10 分钟(水要盖过干贝约 1cm)，放入电锅中蒸 20 分钟，取出待凉后撕散。

2. 韭黄摘好，切成 2cm 段；绿豆芽洗净、沥干；蛋中加 2 大匙蒸干贝的汤汁、2 茶匙油和盐约 1/2 茶匙一起打散。

3. 用少许油炒银芽，炒至脱去生味，加入韭黄再炒一下，盛出，沥去水分。

4. 锅中另外加 1 大匙油炒干贝(先挤干干贝的水分)，炒香后把蛋汁倒入，推动蛋汁，轻轻由内向外推，使蛋结成块，8~9 分熟时倒入绿豆芽、韭黄和火腿丝，再炒至匀且蛋汁已熟，盛出即可。

炒芙蓉蛋

材料:

叉烧肉	80 克
香菇	2 朵
蟹肉棒(或鱼板切丝)	1/2 杯
笋丝或绿豆芽	1 杯
蛋	5 个
葱	1 根

调味料:

(1)	盐	1/2 茶匙
	清汤或水	4 大匙
(2)	生抽	1 茶匙
	盐	2 克
(3)	清汤	1 杯
	盐	2 克
	酱油	1 茶匙
	水淀粉	1 大匙

做法:

1. 叉烧肉切丝;香菇泡软,切丝;葱切细丝;蛋加调味料(1)打匀。

2. 烧热 1 大匙油炒香菇、叉烧肉和葱丝,再加入笋丝和蟹肉棒炒匀,以调味料(2)调味。

3. 锅边再淋下 2 大匙油,倒下蛋汁,轻轻推炒,使蛋和材料混炒均匀,盛入盘中。

4. 调味料(3)煮滚,淋在盘中的芙蓉蛋上即可。

滑蛋牛肉

材料：

嫩牛肉	120 克
蛋	5 个
葱花	2 大匙

调味料：

(1) 姜汁	1/4 茶匙
松肉粉	1/4 茶匙
糖	1/2 茶匙
料酒	1/2 茶匙
淀粉	1 茶匙
酱油	1 大匙
水	1 大匙
(2) 盐	1/2 茶匙

做法：

1. 牛肉要逆纹切成 3cm 大小的薄片。

2. 在碗中先将调味料(1)调匀，放入牛肉拌匀，腌半小时以上。下锅前加入 1 大匙油，再拌均匀。

3. 蛋在大碗内加盐打散至均匀为止。

4. 炒锅烧热后，将 1/2 杯油烧到 8 分热，放入牛肉，用大火快炒，见肉色变淡而熟时，捞出、沥干油，倒进碗内与蛋汁拌和。

5. 另在炒锅内烧热 3 大匙油，先将葱花下锅，随即将牛肉蛋汁也倒入，用大火快速拌炒，至蛋汁 7~8 分凝固状态时，便迅速盛出装盘即可。

螃蟹炒蛋

材料:

花蟹	1 只(约 450 克)
蛋	4 个
葱	2 根
姜片	2 片

调味料:

料酒	1 大匙
盐	4 克
水	3/4 杯

做法:

1. 螃蟹刷洗干净,打开蟹盖,再将内部鳃等摘除,蟹身先切成两半后,再依大小每半切成 2~3 小块。蟹钳也剁成两段,再将蟹钳硬壳敲裂。

2. 蛋加盐 2 克一起打散;葱 1 根切长段,另 1 根切约 2cm 的短段。

3. 锅中烧热 2~3 大匙油,爆香长葱段和姜片,放入螃蟹块炒至蟹壳变红,淋下料酒、2 克盐和 3/4 杯水,盖上锅盖,以中火煮 2~3 分钟,至螃蟹已熟,且汤汁剩下 1/4 杯。

4. 盛出螃蟹,捡除葱和姜片,汤汁过滤后加到蛋汁中,搅匀。

5. 另起油锅加热 2 大匙油,放入短葱段爆香,倒下蛋汁快速炒熟,在蛋汁已有一半凝固时,加入螃蟹同炒,蛋熟盛盘即可。

炒木须肉

材料:

肉丝	120 克
水发木耳	1 杯
蛋	2 个
菠菜	120 克
笋	1 支
葱花	1 大匙

调味料:

(1) 酱油	1/2 大匙
淀粉	1/2 大匙
水	1 大匙
(2) 酱油	1 大匙
盐	1/4 茶匙

做法:

1. 肉丝用调味料(1)拌匀,腌 10 分钟左右。

2. 菠菜切成 3cm 长段;笋煮熟后切丝。

3. 蛋加 1/4 茶匙盐打散后,先用少许油炒熟,盛出。

4. 将 1/4 杯油烧至八分热,将肉丝下锅过油,待变色后即捞出,沥干油。

5. 油倒出,仅留下 2 大匙油,先放入葱花爆香,再加入笋丝、木耳丝及菠菜炒熟。

6. 放入已炒熟的肉丝及蛋碎,并加酱油和盐调味,大火炒拌均匀,盛出装盘即可。

Tips:

这道菜因为把蛋炒成小块、细碎状,好似木须花(桂花)而得名。可配薄饼上桌包食。

粉丝炒蛋

材料:

蛋	2 个
粉丝	2 把
韭菜	3 根
木耳丝	1/2 杯

调味料:

酱油	1/2 大匙
清汤 (或水)	1 杯
盐	适量
香油	适量

做法:

1. 粉丝泡软,略剪两刀;韭菜切段。

2. 蛋加少许盐打散,锅中加热约 1 大匙油把蛋炒熟,剁碎盛出。

3. 锅中加热 1 大匙油,淋下酱油和清汤,再放入粉丝和木耳同煮,小火煮至粉丝熟透,适量加盐调味(仍有少许汤汁)。

4. 放入韭菜拌炒,最后撒入蛋碎,滴入香油即可。

鸡闹豆腐

材料:

豆腐	2 方块
蛋	2 个
虾米	2 大匙
葱	1 根
香菜	适量

调味料:

酱油	1/2 大匙
盐	1/2 茶匙

做法:

1. 豆腐切成大块,放入开水中煮 3 分钟后捞出,放凉,用叉子将豆腐压碎。

2. 蛋打散,放入豆腐拌匀,再加调味料一起调匀。

3. 虾米用水冲一下,挤干水分。

4. 锅中烧 2 大匙油炒香虾米和葱花,倒入豆腐泥,大火快炒至凝固,再续炒至干松为止,撒入香菜段,略拌起锅即可。

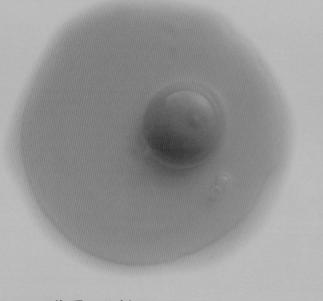

咸蛋炒苦瓜

材料：

苦瓜	1 根
咸蛋(熟)	2 个
大蒜	2 瓣(切末)
红辣椒	1 个(切圈)
虾米	1/2 大匙

调味料：

盐	适量
糖	适量
白胡椒粉	适量

做法：

1. 苦瓜剖开，去除瓜子及内膜，切成薄片，用滚水汆烫一下，捞出。

2. 咸蛋取用一个蛋白和 2 个蛋黄，蛋白切成小粒，蛋黄可切大一点。

3. 虾米泡软，切成细末，用 2 大匙油爆香大蒜末和虾米，再加入咸蛋同炒，炒至起泡。

4. 加入苦瓜、红辣椒再炒匀，再加少许水及盐、糖和胡椒粉调味，拌炒均匀关火即可。

韭菜皮蛋松

材料：

绞肉	250 克
韭菜花（切丁）	100 克
皮蛋	3 个
红辣椒（切末）	1 个
豆豉	1 大匙

调味料：

料酒	1 大匙
蚝油	1 大匙
盐	1/4 茶匙
糖	1/2 小匙

做法：

1. 皮蛋先煮 5~6 分钟，捞出略凉后剥壳，切丁。
2. 用 1 大匙油炒散绞肉，加入豆豉炒香，淋入料酒和蚝油炒匀。
3. 放入韭菜花丁、红辣椒末及其余调味料炒匀，最后再加入皮蛋丁，轻轻拌炒均匀即可。

金银蛋苋菜

材料:

苋菜	300 克
皮蛋	2 个
咸蛋(熟)	1 个
葱	1 根
大蒜末	1 茶匙
清汤	1 杯

调味料:

盐	适量
胡椒粉	适量

做法:

1. 咸鸭蛋的蛋白切小粒,蛋黄切大一点。

2. 皮蛋放水中煮 5~6 分钟,冲冷水至凉后剥壳切成丁。

3. 苋菜摘好,放入热水中烫一下,捞出,冲凉。

4. 锅加油烧熟,爆香葱段及蒜末,放入苋菜及清汤,煮至苋菜微软,再加入皮蛋和咸蛋同煮 2 分钟,盛出即可。

Tips:

1. 也可以只用皮蛋烧苋菜,加了咸蛋则多一种香气。

2. 皮蛋要煮过,蛋黄才会变硬,不会把整盘菜都弄得糊糊的。

炸蛋 & 烤蛋心法

　　生的蛋很少用来炸，唯一真正把蛋炸熟来用的恐怕是台菜中用到的炸蛋酥，但是炸好的蛋酥也要二次烹调，只取其香而已。

　　至于烤，在西餐中倒是有把生的蛋整个打在烤碗中装好的菜上，再放入烤箱中烤熟的。

　　炸蛋酥很吃油，最后一定要记得开大火把油逼出来，以免蛋酥的含油量太高，但是用大火却不能把蛋酥炸焦、炸到有苦味，这是需要一些工夫的。炸蛋酥虽费油却不伤油，炸过的油很干净又有蛋香气，可以重复使用。

图 1

炸蛋酥

图 2

图 4

材料:

蛋 2 个

做法:

1. 蛋打散(图 1)。

2. 锅中烧热 5~6 杯油,约有 7~8 分热时改小火,把蛋汁透过漏勺流入油中(图 2)。

3. 边倒蛋汁边转动蛋汁和漏勺(图 3)。

4. 倒完之后开中火炸,边炸边推动蛋酥(图 4),待颜色快成金黄色时,改成大火,炸 5~6 秒钟即可捞出(图 5),静置沥干油(图 6)。

图 3

图 5

图 6

Tips:

可以用虾米、干贝或其
他海味代替鳊鱼干。

蛋酥白菜卤

材料:

大白菜	600 克
蛋	2 个
猪肉丝	100 克
香菇	3 朵
鳊鱼	2~3 小片
葱	2 根

调味料:

清汤或水	1/2 杯
盐	1/2 茶匙
陈醋	1/2 大匙
白胡椒粉	1/6 茶匙
香油	适量

做法:

1. 蛋打散,依照前一页做法做成蛋酥。

2. 将鳊鱼片用温油,小火慢慢炸成金黄色,挟出,放凉后剁成细末。

3. 大白菜切成宽条;香菇泡软,切条;葱切段。

4. 烧热 2 大匙油,将猪肉丝、香菇条和葱段下锅炒香,再加入大白菜同炒至大白菜微软。

5. 加入蛋酥和鳊鱼片略加炒合,注入清汤或水,烧煮 10~12 分钟。

6. 加盐调味,烧至白菜熟透,加入陈醋、白胡椒粉和香油,拌匀后装盘即可。

起司焗烤蛋

材料：

蛋	4 个
口蘑	6 朵
洋葱丁	1 大匙
西蓝花	1/2 小棵
奶油	1 小块
面粉	3 大匙
水或清汤	2 杯
鲜奶油	2 大匙
起司粉	1 大匙
起司丝	1~2 大匙

调味料：

盐、胡椒粉	各适量

做法：

1. 把蛋煮成白煮蛋，剥壳后切成厚片；西蓝花分成小朵，烫熟、冲凉；口蘑切厚片。

2. 烧热 2 大匙油，炒香洋葱和口蘑，加入面粉炒黄。慢慢加入清汤，搅拌成均匀的糊状，调味后拌入奶油和鲜奶油调匀，关火，拌入西蓝花和白煮蛋厚片。

3. 装入烤碗中，撒入起司粉和起司丝，放入预热至 240℃的烤箱中，烤至起司融化且呈金黄色（烤 10~12 分钟）。取出趁热食用即可。

双味皮蛋

材料：

皮蛋	5 个
绞肉	2 大匙
大蒜末	1 茶匙
红辣椒末	1 茶匙
葱花	1/2 大匙
面粉	2 大匙

面糊：

水、面粉、玉米粉、	
糯米粉	各适量

调味料：

（1）酱油	1.5 大匙
盐	2 克
糖	1 茶匙
水	1/2 杯
醋	2 茶匙
香油	适量
花椒粉	1/2 茶匙
（2）番茄酱	2 大匙
糖	3 大匙
醋	3 大匙
盐	1/4 茶匙
水	1/4 杯
淀粉	1 茶匙
油	适量

做法：

1. 皮蛋煮 5 分钟，取出，泡冷水，剥壳，切为 6 片。
2. 皮蛋先蘸干面粉后再蘸裹上面糊，放入热油中炸至金黄色，捞出、沥干油。
3. 用 1 大匙油炒散绞肉，再放入蒜末炒香，加入酱油、盐、糖和水炒合，淋入醋和香油，熄火。
4. 放回一半量的皮蛋，撒下红辣椒、葱花和花椒粉拌和即为麻辣皮蛋，盛放在盘一边。
5. 小锅中放入调味料(2)煮滚，放入另一半皮蛋拌和；即为糖醋皮蛋，装入盘的另一边即可。

金沙双鲜

材料：

新鲜草虾	500 克
墨鱼	300 克
熟咸鸭蛋	5 个
玉米粉	1/2 杯
咖喱粉	1 茶匙
糖	1 茶匙
白芝麻	1 大匙

腌料：

盐	1/4 茶匙
料酒	1/2 茶匙
胡椒粉	1/4 茶匙
蛋清	1 大匙
淀粉	1/2 茶匙

做法：

1. 墨鱼剥去外皮后切成 5cm 长的粗条；草虾剥壳，在背部划一刀口。两者一起用腌料腌 10 分钟，蘸裹上玉米粉。

2. 咸蛋黄切丁备用。

3. 烧热炸油，分别将墨鱼及草虾炸熟且酥，捞出沥干油。

4. 另用一个锅子加油炒咸蛋黄丁，炒散成泡沫时，用一半拌炒虾球，盛出装入盘的一边，撒入炒香的白芝麻。

5. 另一半蛋黄中加少许咖喱粉和糖炒匀，放入墨鱼轻轻翻动拌匀，装入盘中另一边即可。

焗烤法国吐司

材料:

干吐司	10 片
牛油	适量
蛋	4 个
鲜奶油	1/4 杯
牛奶	1 杯
糖	1 大匙
香草精	1/2 大匙
肉桂粉	1/4 小匙
豆蔻粉	1/4 茶匙
盐	适量

表面装饰材料:

牛油	1 条
黄糖	1/2 杯
切碎核桃	1/2 杯
糖浆	1 大匙
肉桂粉	1/4 小匙
豆蔻粉	1/4 茶匙

做法:

1. 用少许牛油涂在烤碗内侧,防止粘黏. 将吐司在烤碗中铺2~3层。
2. 在大碗中将蛋、鲜奶油、牛奶、糖、香草精、肉桂粉、豆蔻粉和少许盐用打蛋器拌匀。
3. 将蛋汁倒入烤碗中,可以稍微翻动吐司让蛋汁浸到吐司之间。 用锡箔纸盖好,放入冰箱冷藏过夜。
4. 烤箱预热180℃。
5. 将表面装饰材料在碗中拌匀, 撒在吐司和蛋汁上,烤30~40分钟直到呈金黄色。
6. 同糖浆一起食用或撒上适量糖粉即可。

烤鸡蛋布丁

材料：

蛋	4 个
鲜奶	500 毫升
糖	75 克
香草精	适量

焦糖料：

糖	100 克 (6~7 大匙)
水	2 大匙

做法：

1. 小锅中放入糖和水，以小火煮至糖溶化，继续煮至糖成为焦黄色且浓稠的焦糖，趁热倒入模型中，待凉。

2. 鲜奶中加糖煮至微滚而糖已溶化，关火。

3. 蛋打散，将牛奶倒入蛋汁中，边倒边搅打蛋汁，全部加入后，将蛋汁过滤，装入模型中。

4. 再把模型放入烤盘中，烤盘中加水，水要深及布丁模型一半的高度。

5. 烤箱先预热至 130~140℃，放入烤盘，烤 40~50 分钟，至布丁已凝固，用牙签试一下是否已熟。

6. 将模型放入冷水中泡一下，略降温后即可扣出，或放入冰箱中冷藏后食用。

Tips:

1. 煮焦糖时要特别注意不要搅动糖，以免糖会「反沙」(还原成糖的颗粒)。

2. 成为焦糖竭色时就要关火，以免有焦苦味且太浓稠。

巧克力面包布丁

材料：

吐司（去边、切丁）	半条
牛油	适量
牛奶	1.5 杯
鲜奶油	2 大匙
咖啡酒	1/4 杯
糖	1/2 杯
黄糖	1/2 杯
可可粉	2 大匙
香草精	1/2 茶匙
杏仁精	1 茶匙
月桂粉	3/4 茶匙
蛋	6 个（打匀）
苦甜巧克力	20 克（切碎）
糖粉	适量

做法：

1. 烤箱预热至 170℃；烤碗抹少许牛油以防止粘黏，将吐司丁放入。

2. 将牛奶、鲜奶油和咖啡酒在一个大碗中混合均匀，

3. 在另一碗中将糖、黄糖和可可粉混匀。两碗的材料慢慢混合均匀。

4. 将香草精、杏仁精、月桂粉和蛋打匀，混合加入做法 3 中。

5. 将苦甜巧克力加入做法 4 中，再倒入烤碗中，和吐司拌匀。等约 20 分钟或直到吐司吸收大部分的奶蛋汁。

6. 烤约 45 分钟或直到布丁凝固（小分量模型烤得快）。牙签戳入布丁中不粘即可取出，可再撒上少许糖粉即可。

口蘑烤蛋

材料:

口蘑	6 朵
新鲜香菇	2 朵
洋葱丁	1 大匙
面粉	1 大匙
蛋	2 个

调味料:

酱油	1/2 茶匙
盐	1/4 茶匙
胡椒粉	适量
水	160 毫升

做法:

1. 口蘑依大小,一切为二或四瓣;香菇也切成同样大小。

2. 热 2 大匙油炒香洋葱丁,再放入口蘑和香菇同炒至香,加入调味料煮滚。

3. 将面粉过筛,筛入口蘑中,边筛边搅匀,使汤汁浓稠,盛入烤碗中,打入 1 个蛋。

4. 烤箱预热至 200℃,放入烤碗,烤至蛋已凝固成喜爱的嫩度,取出即可。

杏汁蛋白

材料：

甜苦杏仁	1/2 杯

（甜杏仁与苦杏仁为 10∶1）

蛋清	3 个
冰糖	160 克

做法：

1. 甜苦杏仁泡水 2 小时，捞出杏仁，放入果汁机中，加 2 杯水打成杏仁汁。将杏仁汁放入布袋中，挤出杏仁汁。
2. 将杏仁渣与 1 杯水搅匀，再用果汁机打一遍，挤出杏仁汁，两次的杏仁汁混合煮滚。
3. 蛋清打散，倒入煮滚的杏仁汁中，边倒边搅打，倒完蛋清后盖上锅盖，焖 1 分钟。
4. 冰糖加水煮成糖水，喝杏汁蛋白时，可随喜好加入冰糖水。

图书在版编目(CIP)数据

就是爱吃蛋/程安琪著.—杭州：浙江科学技术出版社,2016.1

ISBN 978-7-5341-7001-0

Ⅰ.①就…　Ⅱ.①程…　Ⅲ.①禽蛋-菜谱

Ⅳ.①TS972.123

中国版本图书馆 CIP 数据核字(2015)第 308628 号

书　名	就是爱吃蛋	
著　者	程安琪	
出版发行	**浙江科学技术出版社**	
	网址：www.zkpress.com	
	杭州市体育场路 347 号　邮政编码：310006	
	办公室电话：0571-85062601　销售部电话：0571-85058048	
排　版	杭州大漠照排印刷有限公司	
印　刷	浙江新华数码印务有限公司	
开　本	710×1000　1/16	印　张　6
字　数	100 000	
版　次	2016 年 1 月第 1 版	2016 年 1 月第 1 次印刷
书　号	ISBN 978-7-5341-7001-0	定　价　29.80 元

责任编辑　王巧玲　　**责任印务**　徐忠雷

责任校对　梁　峥　　**责任美编**　金　晖